U0783264

别怕，这世界终会爱你

林遭遇 著/绘

人民邮电出版社

北 京

图书在版编目（CIP）数据

别怕，这世界终会爱你 / 林遭遇著、绘. -- 北京：
人民邮电出版社，2024.2
ISBN 978-7-115-63253-1

Ⅰ．①别… Ⅱ．①林… Ⅲ．①心理学－通俗读物
Ⅳ．①B84-49

中国国家版本馆CIP数据核字（2024）第002570号

内 容 提 要

为了生活，我们常过着在外漂泊、居无定所的日子，内心缺乏归属感与安全感，这时你是否想过逃离这个令人窒息的世界，去寻找片刻的内心宁静？这是逃避型人格的一种表现，但其实，害怕与逃避并不可耻，反而是一种"自我治愈"的过程，是为了下一次启程积攒能量。

逃避型人格的世界很大，房间很小，安全感十足。这也是作者的作品特色，以逃避型人格的"逃离现实"的视角创造出了一个全新的"忘忧"童话异世界。作者用"粉绿、明黄、深蓝"三个世界串联眼镜小人和龙旅者的旅程，呈现出光怪陆离的异世界里真实又梦幻、温柔又治愈的画面，每一个画面背后都是对现实生活的反思与记录。读者可以在这里找到与作者的共鸣，获得积极向上的勇气与力量去重新面对生活。

◆ 著 / 绘　　林遭遇
　　责任编辑　　宋媛媛
　　责任印制　　陈 犇

◆ 人民邮电出版社出版发行　　北京市丰台区成寿寺路 11 号
　　邮编　100164　电子邮件　315@ptpress.com.cn
　　网址　https://www.ptpress.com.cn
　　天津市豪迈印务有限公司印刷

◆ 开本：787×1092　1/16
　　印张：13　　　　　　　　　　2024 年 2 月第 1 版
　　字数：200 千字　　　　　　　2024 年 2 月天津第 1 次印刷

定价：79.80 元

读者服务热线：(010)81055296　印装质量热线：(010)81055316
反盗版热线：(010)81055315
广告经营许可证：京东市监广登字 20170147 号

序言

我大学的专业是环境艺术设计，插画则是空暇时的爱好。毕业后我来到广州，好朋友智增给我介绍了一个在出租屋就能画画的活儿，这之后，我就宅了一年。

一年后，我去过杭州应聘漫画助手，也去过深圳小工作室，并在一个小工作室工作。当时，我睡在工作室的一个小书房里，后来工作室倒闭了，我第一次去看了红树林，然后离开深圳。

这段时间我会在闲暇时画一些画。很多人都问过我"该如何画画"，我上过漫画班，但好像没学到什么技巧，只记得应该多练。所以如果你问我"该如何画画"，我也只能说"多练"，多练总归是好事。

2018年，我去了北京，住在北京的小经厂胡同。有一次朋友计划去旅游，让我帮忙照顾他的猫，我坐了一个小时的车到草房站，去他家帮忙给猫铲屎，在那里我画了一张和猫相处的自己。那时候画面中我的形象还没戴上眼镜，后来为了不画表情，我就给自己加上了眼镜。

之后，我每天都画一张插画，在凑齐了一些画后，发布在了站酷网站上，"逃避型人格"就这样和大家见面了。其实，有没有这个人格，我不知道，只是想它能带着我的一部分东西逃走，逃到一个想象的世界里。

我是个懒散的人，无聊沉闷的日子很多，但是很多时候都有些"船到桥头自然直"的幸运。毕业没地方住，就有朋友跟我合租。不会做饭，室友摄影师阿瀚经常做大杂烩，我们一起吃。去深圳没租到房子，老板说你住我们面试的这个书房也行。想去北京，刚好和很久没联系的黄百万联系上，可以住他家里再找房子。租到顺义这么远的地方，住的顶层居然有个大阳台，每天阳光都很充足。地铁虽然有点远，但是路上的人很少，可以在路旁散步听歌。公司没有活儿干，老板就租了民宿让我们住，最后公司解散。我失业时，又恰好赶上公众号的漫画流行起来，可以单独接单了。

我把所有事情都当作一种"遭遇"，你不"遭遇"这些，就会"遭遇"那些，那就顺其自然地去"遭遇"吧。

有意思的是，"林遭遇"这个名字和我的本名听起来差不多。其实用潮州话讲是完全不同的发音，但是在学校里是要说普通话的，于是每次老师在课堂上念到"不幸的遭遇""痛苦的遭遇"时，大家都会看我。

我一直觉得这是个很有意思的事情，就用这个名字作为笔名了。遭遇是"碰见，遇到"的意思，也代表经历，和我在插画中的各种旅途场景实在非常符合。

大家经常会好奇我的作品灵感来自什么。其实，很多灵感都来自我今天的所看、所想、所听，有什么就画什么。生活中一闪而过的图片，看小说时幻想出来的场景，听音乐时想象出来的现场，都可以激发出画面，我马上就可以画出来。我尝试过先记录草稿，后面再细化，但是到了下次就会有其他的想法，很多草稿就堆积了起来，而堆积起来后，就不会再去画了，所以我建议大家当天想到的还是当天画完。

画画，还是要以自己舒服的感觉去画，自己的感受最重要。我在画画的时候想，这个世界很有趣，周围的环境很舒服，花是软软的，生物是憨憨的，在一起是简简单单的，大家来到这里一躺就行了。

所以，我喜欢从"眼镜小人"的角度来看这个世界。小时候我看过郑渊洁的《罐头小人》，里面的小人拿着绣花针和老鼠战斗，如果一个人只有罐头那么大小，那他所看见的和所感受的是与众不同的，普通的东西会变得巨大，日常的场景也会有意思，举一反三，代入进去，别的东西在"巨大"之后对于你的互动是不是也不一样了呢？这样的世界也变得更有趣了，这也是我画画的一个灵感来源。

个人风格的形成，我觉得是一件自然而然的事情，很多人画画都很在意自己的"风格"，其实，你画的多了，就会不自觉地表露出你偏用的习惯和方法，风格就是这样一点点形成的。对于我个人而言，我喜欢莫比斯的画，喜欢他的线和想象力，这种线和想象力也是我一直向往的。

最近一年我搬到成都，平时几乎不接触人了，所以创造了新的人物——"旅人"，并在我的个人账号上，以"林碎集"开始了新的"幻想世界"。

这本书收录了我这四年来创作的"逃避型人格"中的大部分作品，以及新作"林碎集"的部分作品，希望能在这个成年人渐渐失去"童话"的世界里，带给大家一点轻松和愉悦。如果你能在这本书里找到自己内心的宁静或些许灵感，那就太好了。

角色介绍

疲于奔命的眼镜小人，明明只想当个局外人，却总是被异界里"可爱"的生物们察觉并追逐。

据观察，极有可能是作者本人。

探寻世界的旅者，热爱拼凑旅途中的各种碎片信息，但会因为环境而改变，融入还是发亮，都是随机选择的。

据观察，极有可能也是作者本人。

还有其他角色若干，作者编不下去了，还是直接看书吧。

目录

你好，我也是逃避型人格

坠入

脑洞

灵感是蹦跳的小人，如果你发现他又不去搭理，转头就已经不知道他到哪里去了，所以每次有想法我就马上画下来。有时候无法画完，就将草稿保存，于是我得到了很多草稿，变成了新的烦恼。

少女的车

想住在皮箱里，拎起来出行。——当我每天通勤1个小时上班的时候。

观雨

下雨的时候适合睡觉适合看书适合听音乐，当然也适合单纯地看雨，我们看到的是它和这个世界产生交互。水纹，氤氲水汽，都是好看的画面，只有下雨时能看到，何况雨声也是一种天籁，是自然之声。

领菜

我习惯囤很多菜，不用一直出门。那天我出去拿我买来的菜，拖着车路过十字路口的时候，发现一切都非常的安静，高架桥没有车，十字路口没有人，只有阳光和我。

欢迎你哦，人类

逃进粉绿世界

猫兔

每到一个城市，我喜欢去看流浪猫或者店家的猫，它们闲适的感觉非常有意思，不过有的猫不喜欢你的打扰。我想如果一个巨大的人老是追着我东看西看，我也不会很开心吧。

大城市的生活，不容易啊

出行

出门是很累很累的事，如果能变小，就能获得很宽敞的座位。

沉默

死亡就好像一辆车把你载到一个地方，到站之后，有人说我继续走走，有人说我上去看看，有的人则下去看看。

1 安静

大家都在等待水母巴士。

2 水壶

不锈钢水壶里藏着另一个你。

3 喝咖啡

老同学说，他只有在热闹的地方才可
以安心画画。处于闹市能平常心，实
在难得。

4 洗漱台

洗漱台是一个大泳池。

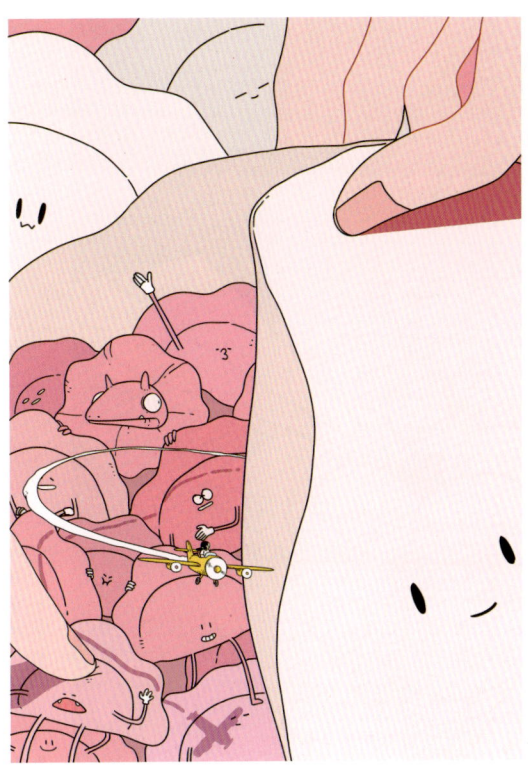

1 | 2 | 3
    | 4

1 压岁钱

现在过年我妈还是会给我压岁钱，放
我枕头底下。

2 水饺

喜欢水饺，每到一个城市我都去尝当
地兰州拉面馆的水饺，它们的味道各
不相同，但是我再没吃到过和大学后
门城中村里吃到的水饺一样的味道。是
想念那个时候，还是想念那个味道，我
不清楚，但是这个习惯改不了。

3 电梯

4 移动硬盘

衣架

我们把树砍下来，又把它们打磨拼接成树枝一样的衣架。

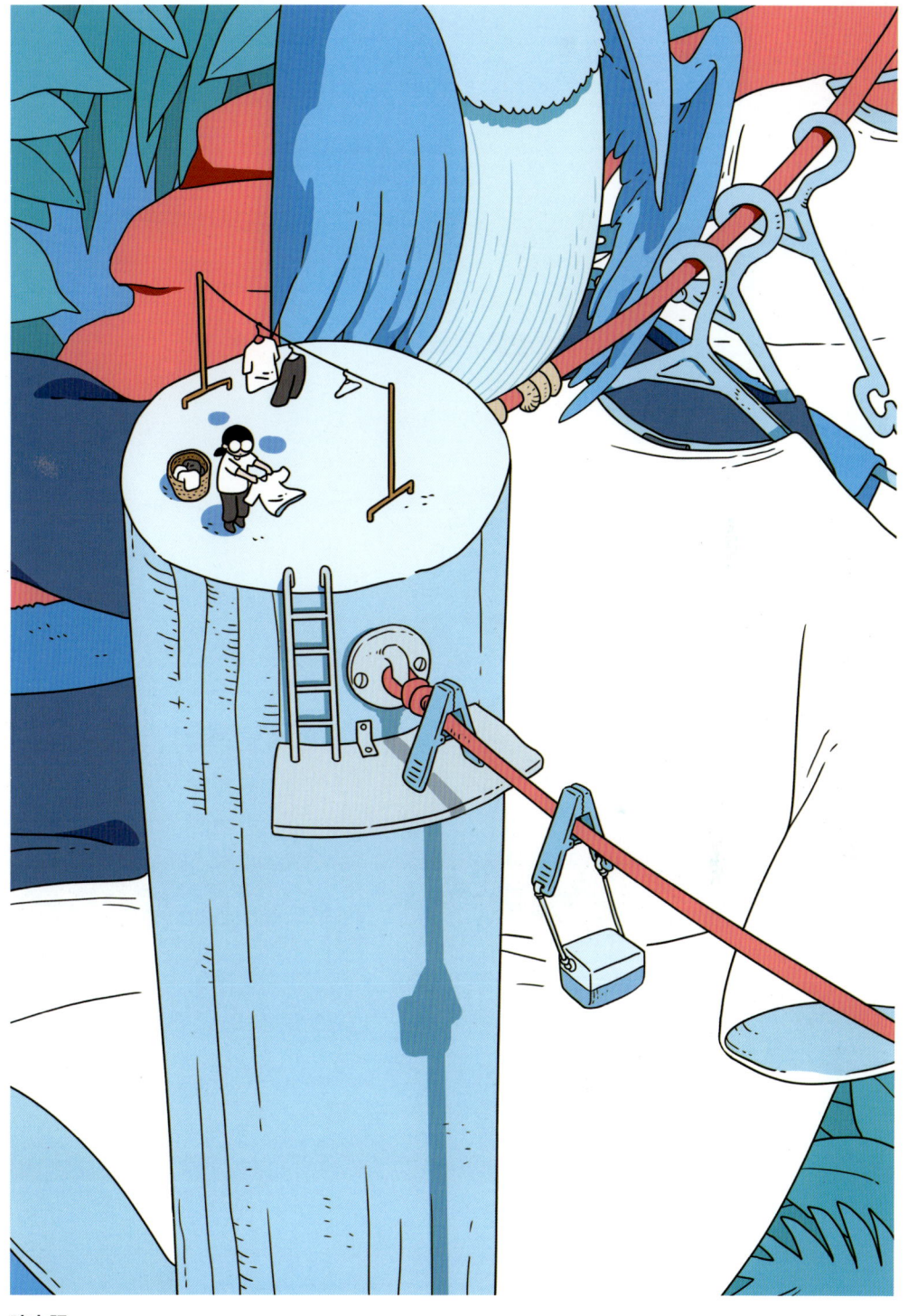

晾衣服

绿之国

等待过马路的人们。

我有很多套房子，虽然都是别人的

1	2	3
	4	

1 青梅怪

我经常吃的一家日料店，老板有一只狗，叫窝囊废。

2 林间

3 搬家

搬家时会期待所有箱子都能自己跟着我移动。

4 汤圆

我的生日是元宵节，所以吃汤圆的时候，也吃蛋糕，也吃粉丝鸡蛋，也吃面，也迎花灯。

1 | 2 | 3
　 | | 4

1 梦

我不怎么做梦，可能我平时胡思乱想
已经够多了。

2 桃花

3 白熊

4 冬者

雪怪先生住在雪山上，人们难以找到
他的踪迹。不过他会在啤酒喝完的时候
下山购买，那时可以找机会见到他。

1 花

2 成都

3 白蛇

4 荷花

老家的门前有一块空地，外公摆满了
花盆，特别是一个种荷花的水缸，我
经常在那里观察蚊子的幼虫。

5 房子

我想过拥有一间坐落在林间的白色房
屋，最好出行还能方便一些。

1 木工

有一天我隔壁开始装修，我看着窗外飞过的鸟，
好像它们在轮流啄我的脑袋。

2 跳跃

3 立春

4 树顶

5 马醉木

饼干

火车1

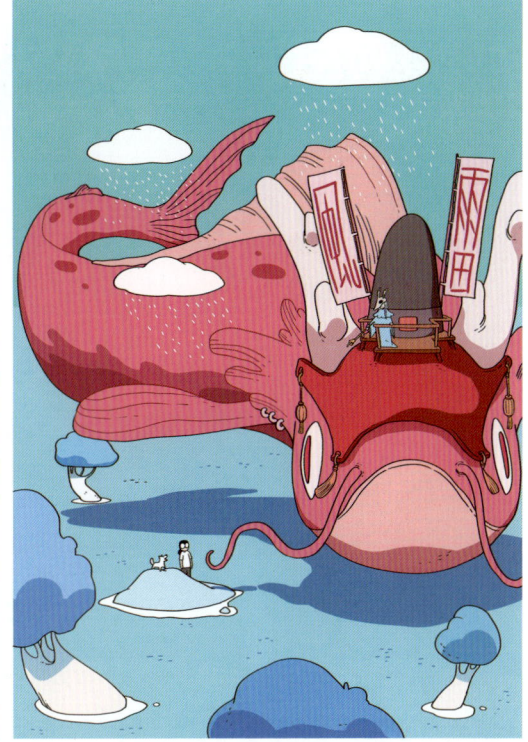

1 鸭子1

2 笼子

3 求雨鱼师

4 龙骑

"加速！龙骑兵们！"

火车2

鱼船票

鱼的飞跃1

鱼的飞跃2

"你的票呢？" "在呢。"

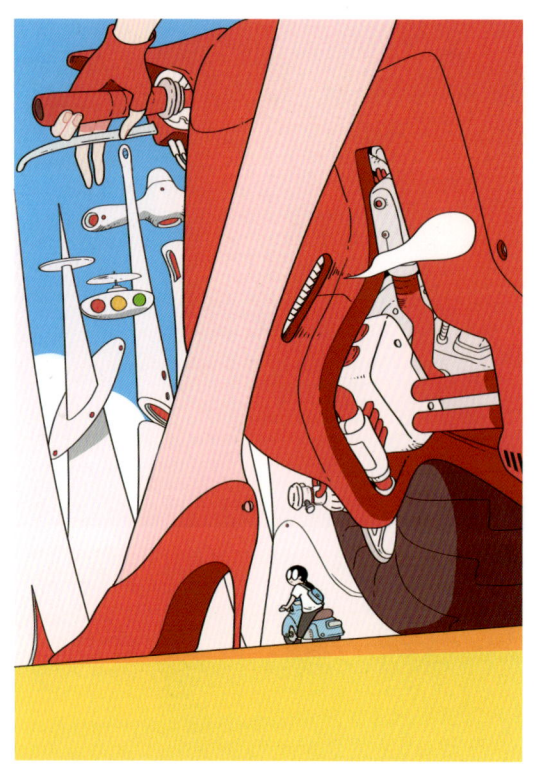

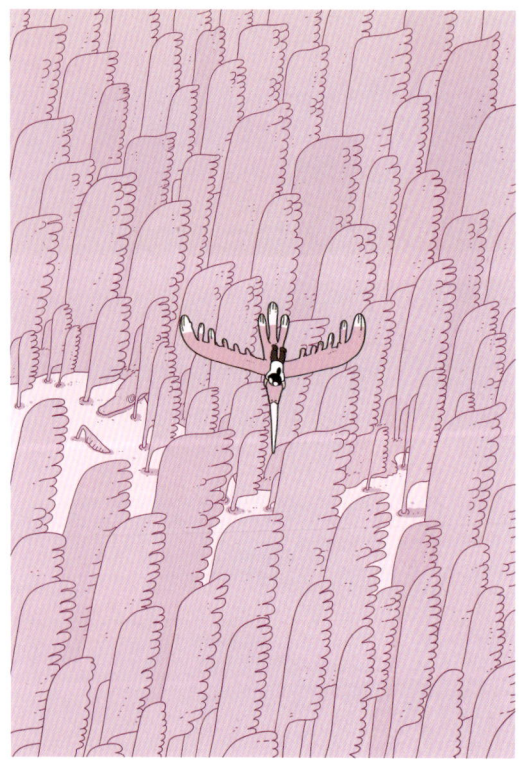

1 红绿灯

2 奇异飞行

3 小飞机

4 运输队

在渡河时遇到了运输队。

5 河童

6 车站1

7 车站2

藏在叶底的车站，可能开得太慢，都
没什么乘客。

1 抽烟

2 列车

3 树林俯视

1
|
| 2　3

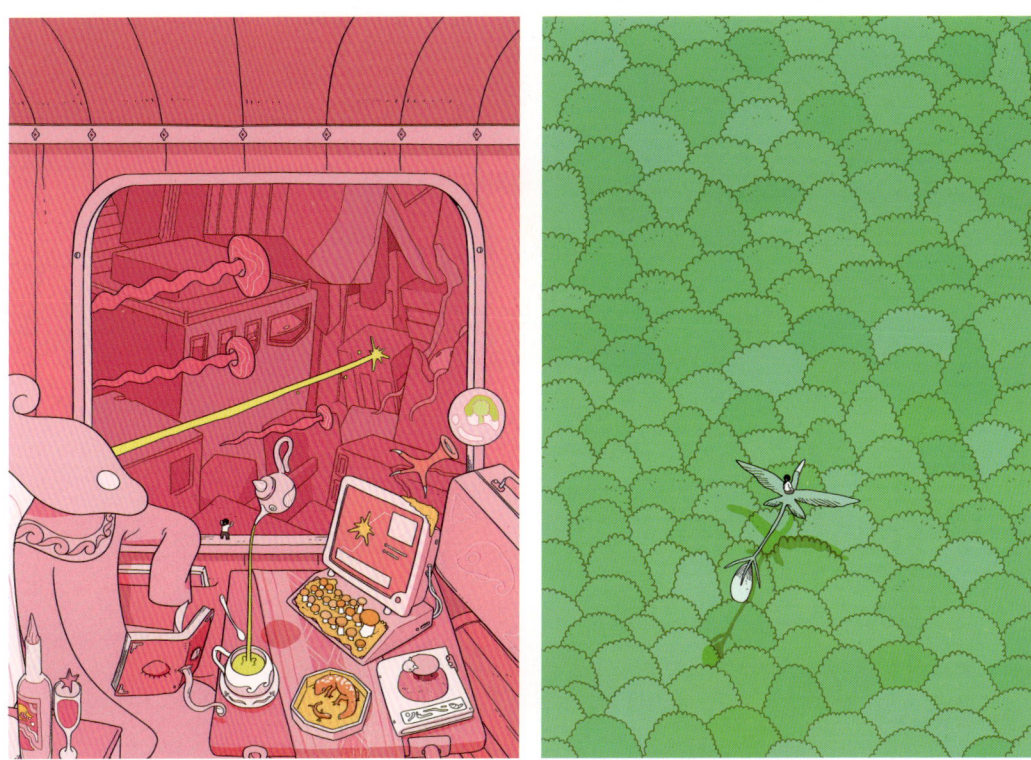

1 蒲公英

抓紧蒲公英，就可以开始旅行，目的
地未知。

2 风筝

3 煮茶1

4 草原1

山林里的风总有奇奇怪怪的东西

1 林间集

2 深潭者

很多问题没有答案，可以试试进入深潭。

3 草丛仙

在小神庙里替路过的人祈福的小老虎，能让旅人消除疲惫，行走加快。

4 森林骑士

森林骑士把我送到树林边缘，让我离开。他因为什么原因被困在这里，从头至尾也没告诉我。

1	2
3	4

1 | 2 3
4 5

1 邹吾

2 书籍

书架不是沉闷的，每本书都是一个新世界。

3 购物

树丛中的商店，适合过往的旅行者购物。

4 竹林小店

5 心碎男孩

1 林中高塔

2 树狐

3 巨树

4 问路

每个杂货铺老板都非常好心，适合问路。

5 蛇出没

1 2 | 3

1 斗兽棋

一日，行于山，观二兽对弈，问其规则，曰无论纵横斜道，五者相连则胜。此为五子棋邪?非也，兽兽相斗之棋，吾等称之为斗兽棋。三局过罢，两兽呼啸乘风而去，唯留石棋石板。余环顾四周景致，已是由春入秋，虚度九月有余。始信烂柯之事。

2 飞虎

3 嘘

蘑菇1

莲楼桌案

小时候我喜欢在门前的地上
用粉笔画画，然后用水一
冲，第二天又是新的画板。

莲楼

泉水

巨人

夏天到了啊

1 小鸭子

2 鸭子2

买了一袋子小黄鸭，扔得到处都是，
仿佛它们都在嘎嘎叫着乱跑。

1 | 2 3
4

1 路口

在一个角落里买了瓶水，发现后面有个小庙。

2 喊什么啦

湖边有一块石头露出水面，好想踩上去。

3 书店1

4 划船

你划过公园里的游船吗？这个公园我来过无数次，但是我从没去划过。

1 饮水机

找到一个废弃的饮水机温泉。

2 海鸥落脚处

见到一家雪糕店，这么偏僻真的有客人吗？还是开来自己吃呢？

3 蒸汽波

蒸汽波非常适合黄昏听，有橘色，也有蓝色。

4 北堤

5 飞盘

1 书店2

很多时候都会遇到这样的场景：
山道，树荫，旁边的矮墙，落叶，
不过没遇到过这个书店。

2 西瓜

如何证明西瓜熟了，你敲敲它，会有
人开门告诉你。

3 祭鳄亭

4 水果酋长

买水果的时候觉得坐在水果中间的老
板很厉害，水果们都簇拥着他。

喵？呜？嗷？

1 狗鼎

2 路遇1

路上遇到的猫猫族大官，因为身上有
鱼干的味道被盘问了半天。

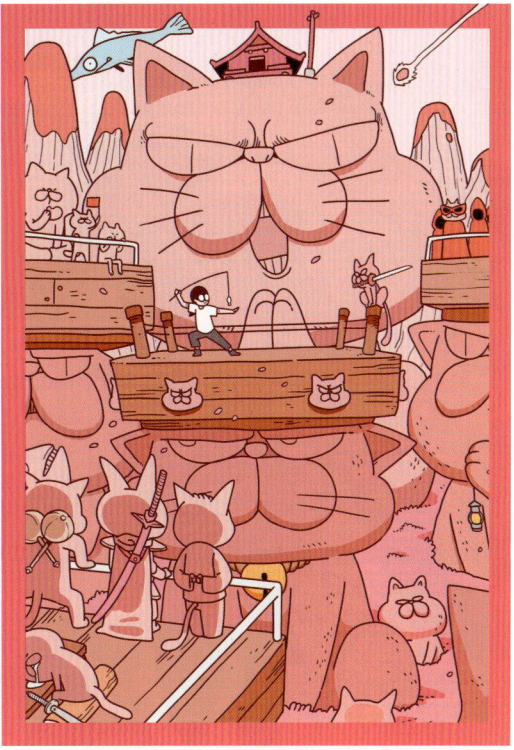

1 猫忍者
这是我特别喜欢的一个表情包，一只
猫猫从天而降。

2 防空洞
废弃的防空洞，我记得小时候用来放
香蕉，现在都封起来了。

3 躺着

4 瞌睡仆人

1 探访

2 猫猫庙1

猫猫庙能实现你的什么愿望呢？

3 猫猫庙2

虎大人

灰石林

今天又遇到了很多新朋友

1 护财

告诉你一个小知识：每个存钱罐里都盘踞着一条喜欢钱财的龙。

2 电工

3 野钓

4 巴

栖息在林中的一种巨大的蛇。

5 鼠1

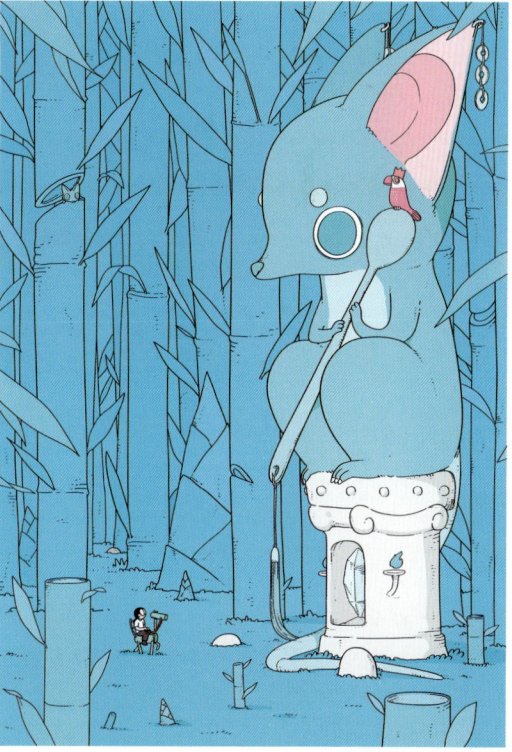

1 深林

有没有一只吞食生活灵感的怪兽。

2 树月

3 比赛

4 财虎

5 马1

我永远记得你，路过的朋友。

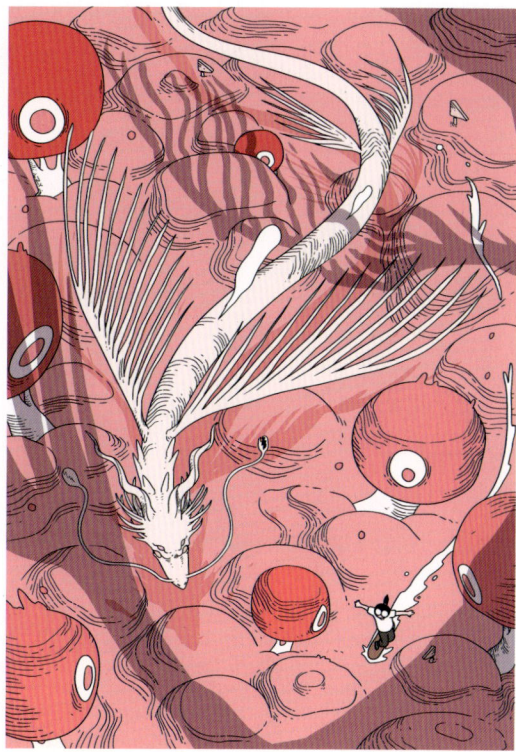

1 鸟

乘着羽毛，见到热闹的一家。

2 池

3 耳朵

4 云骑士

5 蝶鸟

1 喂鱼

2 子牙

3 观察龙
借助浮石更接近龙，可以很好地观察它们。

4 池上房

5 问道者1

6 问道者2
底下的莲座会驮着这座石像在林中移动，和它对话可以为你指明目的地的方向。

1	2		4	
3			5	6

逃进明黄世界

秋林虎

敲响这个钟就会吸引来巨大的生物，
对于它来说，这只是一个小铃铛在晃
动而已。

换乘站

你在等哪辆车？

不知道，我想去任何地方。

飞毯怪物

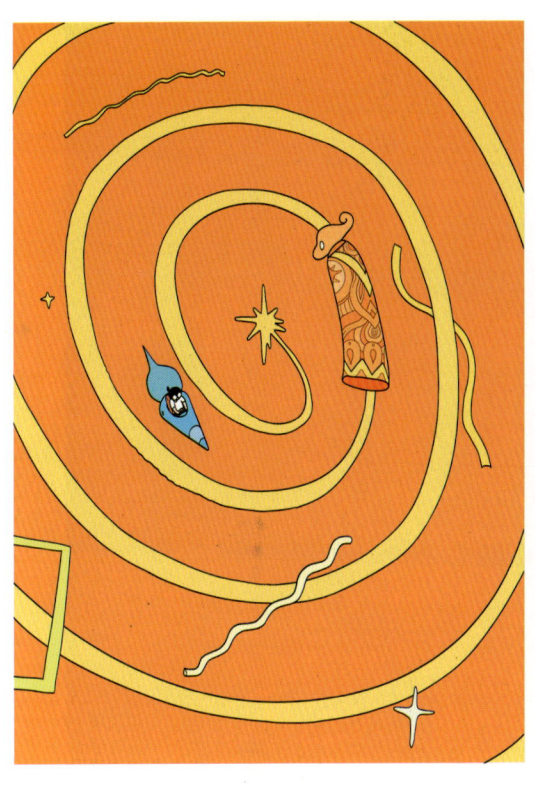

1 忒

忒修斯之船。

2 爱因斯坦的光线

3 蛇蛇火车站

精神上想离开，但是实际上还是待在
原地。实在是很悠闲，这边和那边是
分开的时间……

4 阳光列车

"列车好像没移动欸！"
"树也跟着跑嘛。"

偶遇

金黄之地的传说

金鳞

好朋友要离开北京，我们在南锣鼓巷附近吃完最后聚餐，我会想念他，和他的两只猫。

荒野

桌面1

1 马路

2 峡谷

3 狗狗屋

在路上遇到了狗狗旅游团。

4 雪狗

5 纸箱

去找我的快递时，就像在纸箱星球探索。

6 化龙

7 喇叭熊

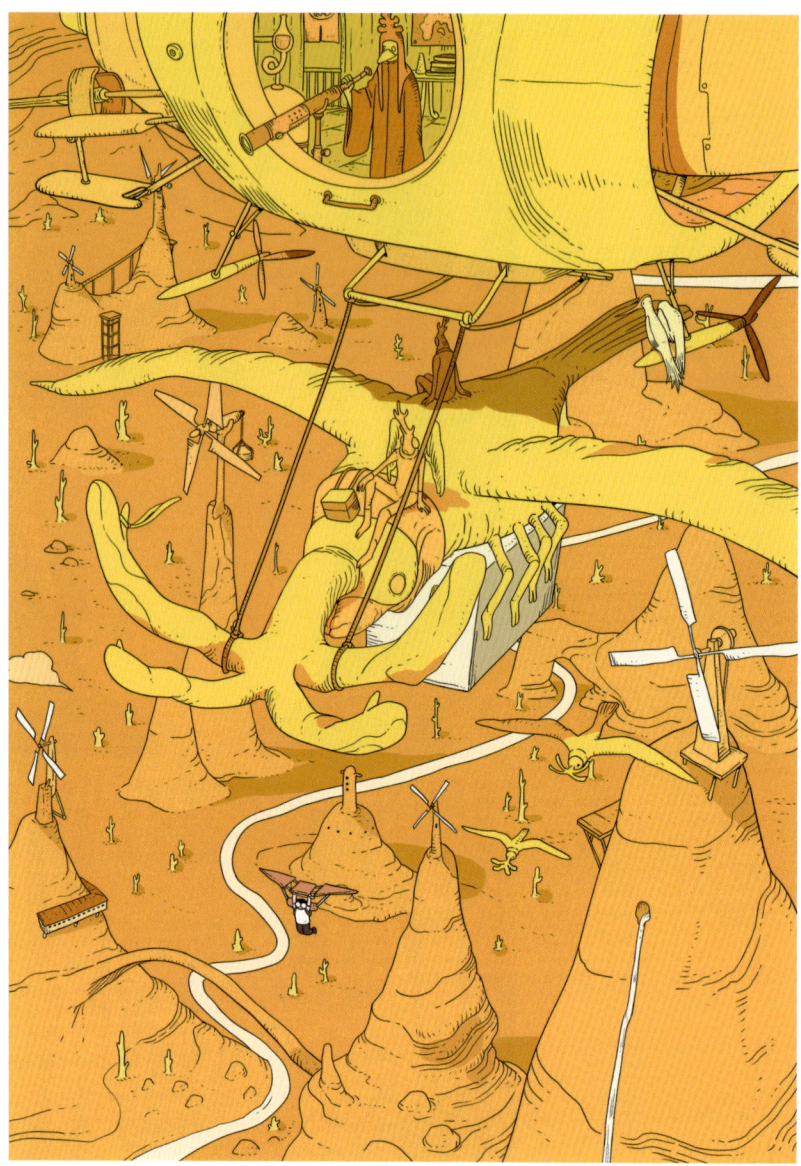

1 沙漠飞行

2 斜坡

3 沙漠飞行器

这种飞行器利用太阳能驱动，特别适合在沙漠中运输使用。

4 飞行

5 钢琴

1 黄沙之地

踏入黄沙之地，凌冽的风让这里的人
都戴上面具。

2 六足

3 牛

4 煮茶2

这个茶谱是高价从路过的漫游商人手
上得到的，据说在某个时候需要喝，
但是没标明材料顺序，难道要将所有
东西一起加入吗？

迷路

1 | 2 3
     4

1 屋顶怪

老房子上蹲着的石兽，会不会趁人不备偶尔飞走。

2 蜜蜂

3 旧城之王

4 蛋壳

小时候我外公会把蛋壳盖在盆栽的土上，我不知道有啥用，经常拿出来踩碎。

1 寻星者

2 看房

3 行船

4 叶子

我喜欢秋天，喜欢落叶，还有那还没
扫的大街。

安全感

1 | 2 3
   | 4

1 路口

2 糖

3 车
和车追逐着云移动，顺"云"自然。

4 安全感
有时候会想躲起来，但是你如此巨大。不过即使如此，一辆小车也会让自己安心，仿佛逃到车底，就彻底安全了。

技多不压身

1 刀疤菇

来了一个狠角色。

2 理发

3 钓鱼1

4 比赛

有一段时间我把画画当成和自己比赛,每天都得画一张,虽然很赶,但是很充实,仿佛有无限的灵感。

大橘大利

1 跳

我喜欢华夫饼，软软的，像蹦床一样，何况还是我喜欢的明黄色。

2 橘子屋

3 大吉

在路边的窗台上，看到的一盆小橘子。

4 虎

5 拍立得

拍立得好方便，马上就能拿到照片，但是得一直甩照片，真的吗？

铲屎

我的猫最近特别理解我，屎都不埋了，省得我要天天挖。

猫

巨大的猫猫喜欢来屋子旁边取暖。

营业中

黄之屋

1 罐头

2 喝茶1

3 奶茶

公园中的奶茶小屋，适合在秋天去坐
一坐。

4 黄昏时分

每到这个时间我就特别累，感觉一天
已经快结束，但在小时候这个时间是
放学的时候，却是最想跑起来的时
候。一定是在某个午后起床，发现自
己好累啊，原来我被变成大人了。

逃进深蓝世界

沙滩2

放松心情的方法：躺着做梦

蓝色书籍

1 洗碗

2 格子衫

我的朋友穿的格子衫，就像我曾经去过的
公司，玻璃幕墙反射不同的蓝色。

3 抽屉小憩

床头的抽屉里放着很多重要的东西，和很
多不知道应该放哪里的杂物。

4 键盘风景

仔细想想，一直在网络里也是一种远眺。

1 桌面2

桌子经常乱糟糟，不知道如何保持干净，只能找个杯子躺一躺。

2 飞行棋

这个游戏如此好玩，就是非常费朋友。

3 冰箱3

我喜欢整齐的冰箱，特别是放满五颜六色的饮料。

4 镜子

5 午睡狂想1

浴缸

1 借书

2 挂

有时候想把自己像衣服一样挂起来。

3 水果摊

4 北京的夜

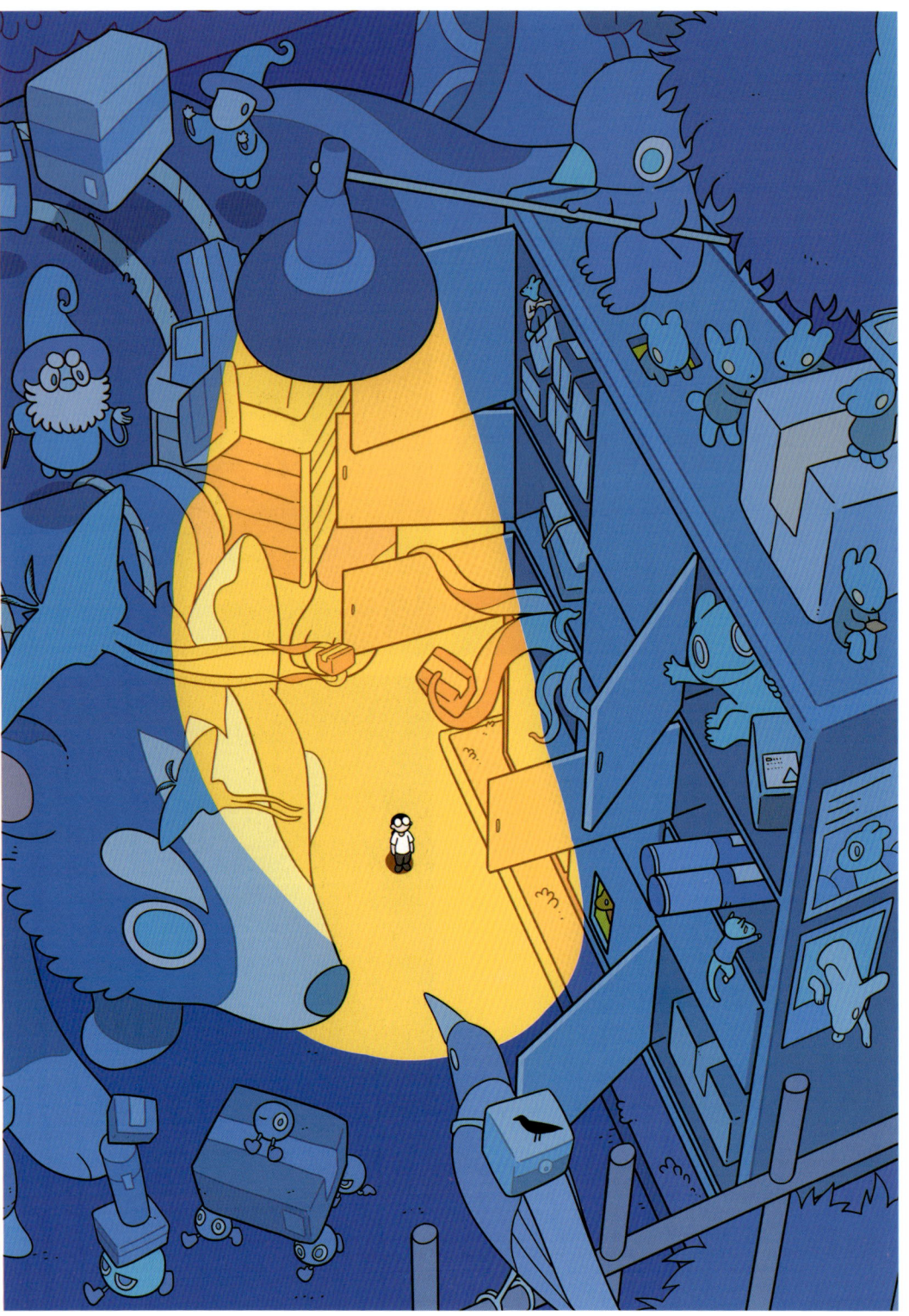

1 快递柜

深夜的快递柜，住在快递箱里的人们
都醒了过来："赶紧把快递给他们送
上去，不然一天就把栖息的房子都堆
满了。"

2 等车

3 书

4 盆栽CD机

"今天听什么歌？"
你没法选，只能由它从叶子底下拿
出来。

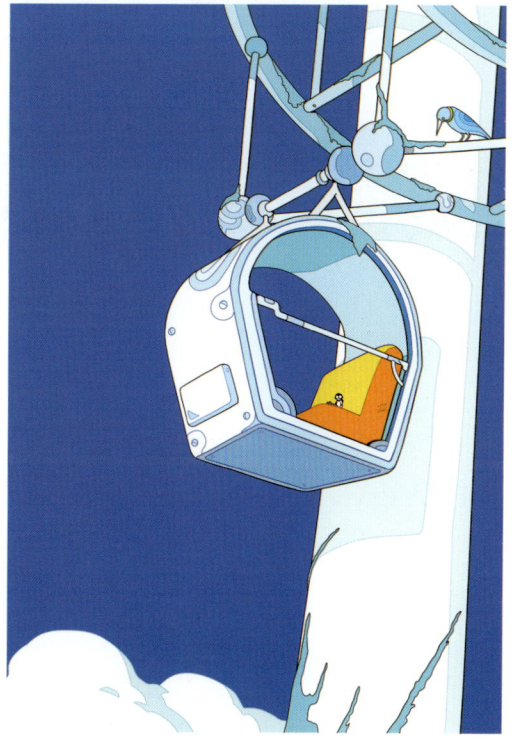

1 小妖怪

2 午睡1

3 下午茶

这个沙发是根据我在吃饼干时的场景
设计的，非常适合边躺边吃的人。

4 摩天轮

失意俱乐部

鬼街

在我住胡同的那段时间，有一次深夜穿过白天热闹的巷子，感觉非常恐怖，我头都不敢回。

1 | 2 3
　 | 　 4

1 马赛克

每个喜欢玩手机的人，都喜欢听马赛克乐队。

2 播放

独自投影的时候，我会想象黑暗中有很多朋友一起看。

3 循环游魂

4 游荡者

夜晚的城市，有神秘的存在在游荡。

1 | 2 3
      4

1 猫

这幅画纪念我仅见过一面的猫。去朋友家的那天，她告诉我猫猫昨晚去世了。我很悲伤，没有珍惜那天的会面。

2 反转森林

如果世界的一切都翻转过来就太有意思了……吗？

3 鬼怪夜行

"现在好像不是出来吓人的好时候。"

4 鼠2

鼠王喜欢收集金币，于是人们不停地投喂。

1 蜥蜴

2 雨水潭

我特别喜欢雨后去踩水，想象自己能
踏开一个隐藏在水底的神秘入口。

3 蛙猪

4 蚊子

送给"文子"的乔迁礼物。

1 绣球

2 鸟笼审判

人类有没有想过自己被鸟们关起来。

3 雪

大学有一天晚上我画图画到半夜，走
出校门，看到馄饨店还开着，居然是
24小时营业。我永远记得那个黑夜里
灯下冒出的热气。

4 躺倒

5 月船

月之国的移动工具是一个个月亮。

6 虫

153

1 饮料

有一段时间我特别喜欢收集饮料瓶，我把它们摆满我的阳台，但是我发现喜欢的瓶子太多了，就索性一个都不要了。

2 小雨

在石头下避雨时遇到了同样在此的朋友，于是一起吃了晚餐。

3 企鹅

4 午睡2

流浪的虎

禁止市民投喂城市里流浪的老虎，因为不知道它们会长到多大。

幼年

风之树

风之树的每片叶子都是一缕微风，当它落叶的时候就形成一阵阵飓风。

树底月

正在被观察的猫

蓝光

萤火虫

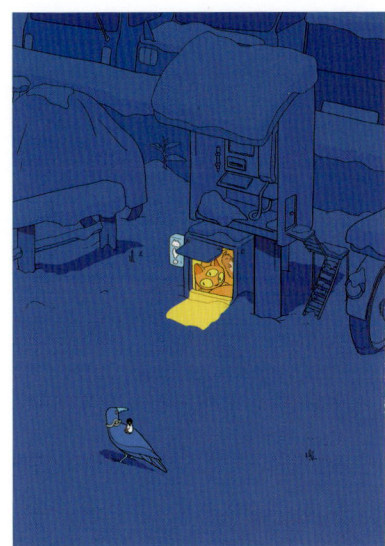

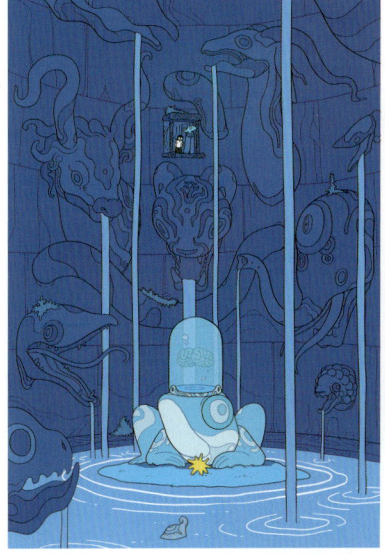

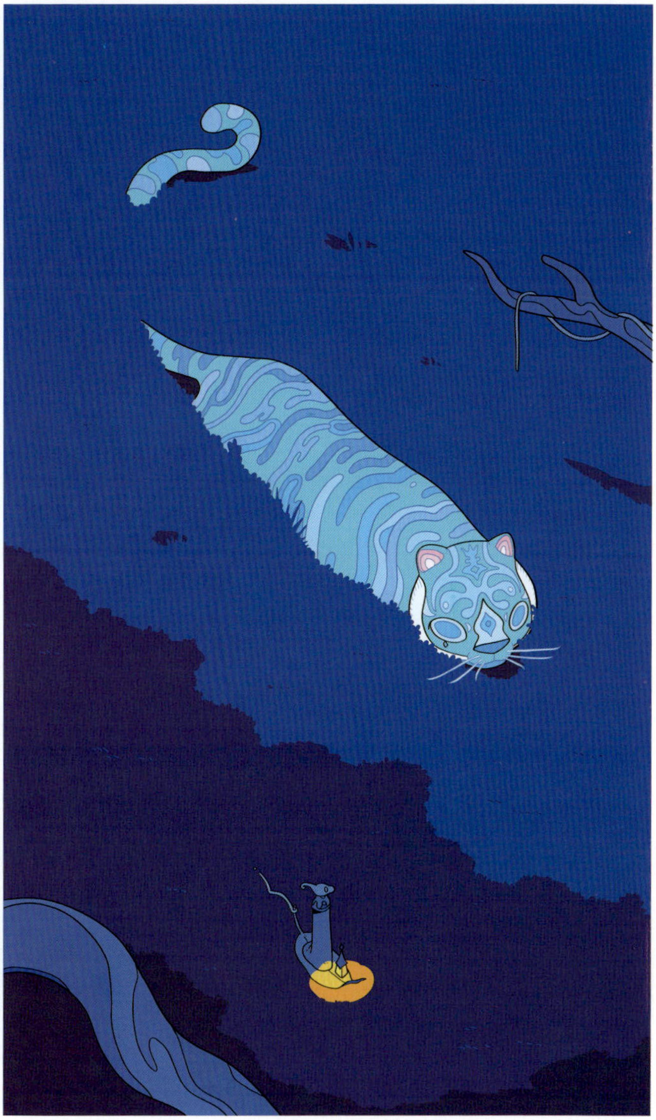

1 2 | 5 6
3 4 | 7

1 龙

2 龙首

3 乌鸦2

4 乌鸦3

5 雪夜

在雪天的夜晚，看到一只流浪猫待在它的纸房子里。

6 蓝虎

在树海的路途中遇到的生物，似乎是我的灯光吸引了它。也许它在等待猎物，却被我打搅。

7 脑

1 | 2 3
  | 4 5

1 城堡

我幻想过有一个城堡，有彩色的花窗，有致命的毒蛇，吸引我前去。

2 雨之境

喜欢下雨，在地上造出无数镜子。

3 鹿

4 花屋

5 熊猫

来到这个城市我也没去看熊猫，我对于人多的地方有恐惧，喜欢在街上随意逛，现在大家叫：city walk。

1 镜中囚徒

2 荆棘书馆
里面放满了知识，它们吸引了巨人，使他被困在这里。

3 荒野天使
等待横飞的流星。

4 石木
和假山一样的树，也是小鸟们的栖息地。

5 石树乐队

6 蘑菇2

7 路遇2

8 叠尾雀
会互相示爱的叠尾雀。

1 繁花

花神隐藏在巫术之林里，只有找到那
把扫帚才可以被指引找到她。

2 夜豹子1

3 夜豹子2

神秘的豹子，身上的花纹不停晃动。

4 商队1

正确的换乘方式

1 | 2 3
4 5

1 海水追踪

2 迷雾小屋

周围都是雾气，是为了加湿这个世界。

3 脚印

下雪了，我从楼上往下看，每个有雪的地方都被踩过，只有车顶没有。

4 黄鸟

5 写雪

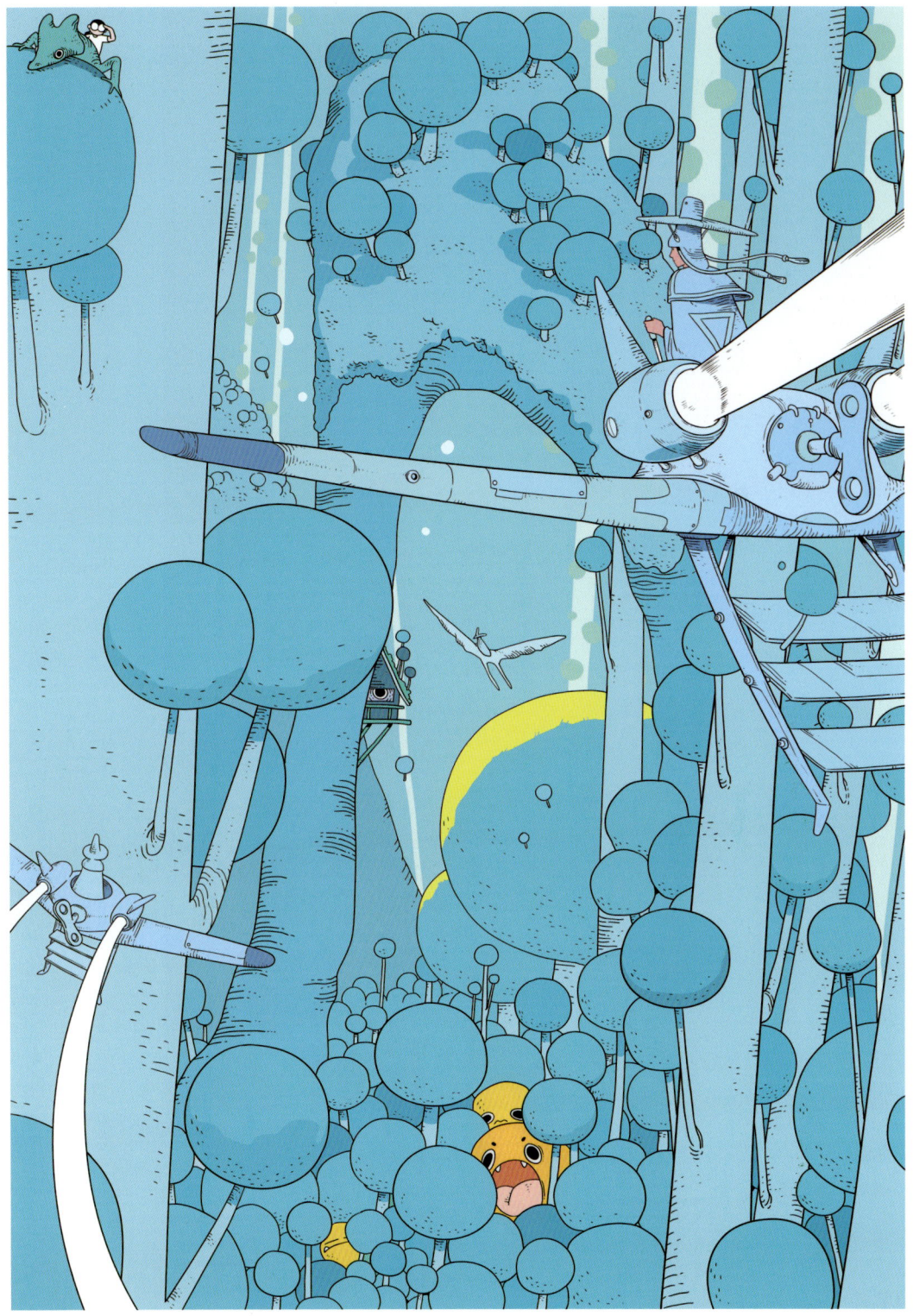

1 轨道

穿越城市的轨道。

2 望流星

3 机场

4 水母巴士

水底的一种移动工具。

5 候

忘忧海船的见闻

1	2	3
4	5	

1 鱼十字

2 鱼1

3 打字机

4 钓鱼2

5 灯

1 鬼鱼

2 忘忧海船

在海水中随波逐流的宝船，据说上面有许多房间，可以让你找到想要的答案。

3 甲板

4 化龙

跟着周围数不清的海鱼往前游动，它们在争取一个化龙的机会。

5 鱼2

化龙失败的鲤鱼。

6 船舵

1	3	4
2	5	6

1 | 2 3
4 5

1 箱子房间

欢迎你，旅者，你可以在这里找到适合陪伴你旅途的箱子。

2 宝屋

一个放满海上搜集来的宝物的房间，如果你有想要的东西，那就拿出主人没见过的东西去交换。有人用一个贝壳换了一车的珠宝，对于主人来说，一个花纹稀有的贝壳总比那些海底随处可见的破烂有价值。

3 花瓶

你是在看瓶的人，还是瓶内的人。

4 门洞

漫长的走廊有无数的房间。

5 海龛

偶尔会在海面岩石上发现的海神造物，据说它们都面朝着陆地的方向。

1 云之上

1 | 2 3
4 | 5

2 海灯《宵夜水母》

船员在夜晚不要靠近船舷，如果遇到
亮光也要忍住好奇不要探头——《宝
船海员注意手册》

3 海灯红

4 树海之源1

到达丛林顶端，所有树叶都在晃动，
不，是树枝在晃动。它们在漫步者
移动时，像波涛一样跟着翻动，仿若
流动的树浪，一时间，不知道是在树
上，还是在海上。

5 树海之源2

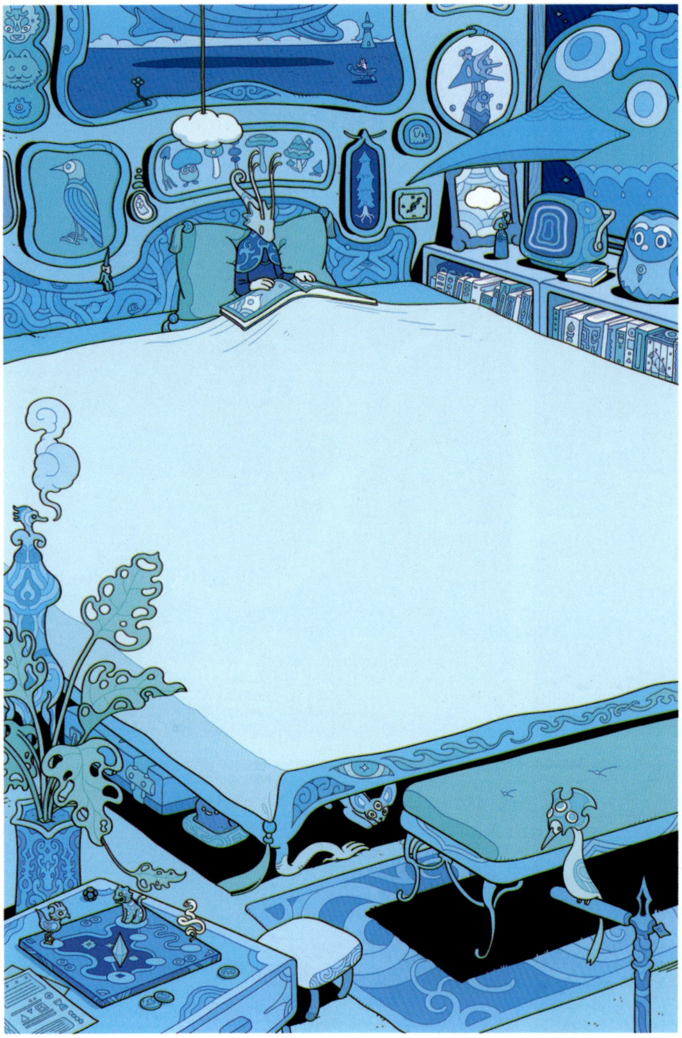

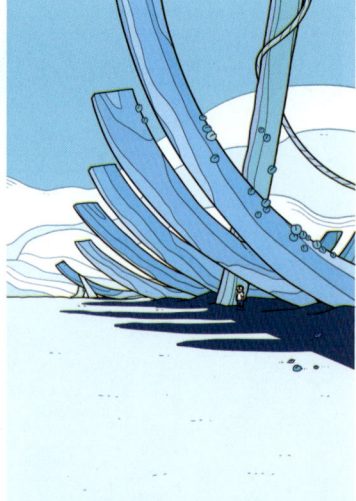

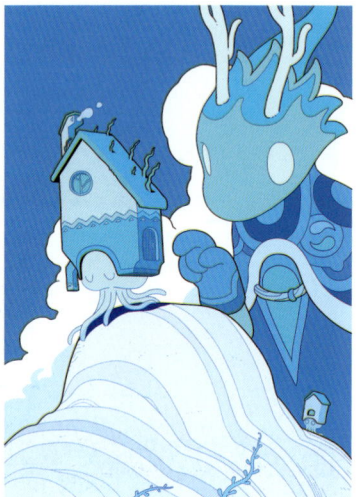

1 起床《睡前故事》

我想过养成睡前看书的习惯，为此买了书，放置了书架，但是一躺下我就睡到了第二天，我想床也是一个时空传送门，从今天传送到明天。

2 海边

3 沙滩3

4 远眺

5 鱼2

6 路途风景

7 飞鸟1

海是蓝色的吗？还是因为天空是蓝色的？那天空为什么是蓝色的？

1 2 | 4 5
3 | 6 7

1 飞船

2 飞鸟2

类似网约车，我和无数的坐骑掠过草原。

3 休憩

4 三把剑

别怕，这世界终会爱你

望

中古

潮州是我家乡，直到现在，我还经常会去逛老巷子，这里承载了我太多的回忆，所以我画了一些城市的角落，比如一些路旁的木沙发，老楼的栏杆等。小时候坐过这种木沙发，坚硬，冰凉，能想起爷爷。

一个城市是由少数景点和数不尽的角落组成的，很多角落都是很有意思的地方。小时候，我经常在外公家的空地上，用粉笔画画。那里放了很多盆栽，我天天穿梭在里面，观察墙缝里的蚂蚁，爬到我手上吓到我的蟑螂，排水口里的青蛙，莲花水缸里的蚊子幼虫。童年时我觉得什么都有意思，丝毫没有害怕的情绪，长大后，我还是会去观察这些东西，从里面获得新的灵感。

我"逃进"的这个世界，可能也是放大版的"童年"，所以同样的，我也没有丝毫害怕的情绪。

世界有大城市，城市有大角落，角落里有小缝隙，发现这些小缝隙里的世界，你能获得意想不到的"开心"。

画了这么久，一直到这本书的出现，一路上有很多人在帮助我。@大绵羊bobo老师当初问我："你怎么不出本作品集？"我说："好啊。"于是我认识了这本书的编辑老师们。粉丝朋友们一直支持、喜欢我的作品，所以我这一路就坚持下来了，感谢大家，感谢所有我人生中相遇的人。

也希望这本书能让每一位翻看的朋友，都能找到自己心中丢失已久的"童年"和"童话"。

后记

吃吃喝喝 微观世界

甜甜圈

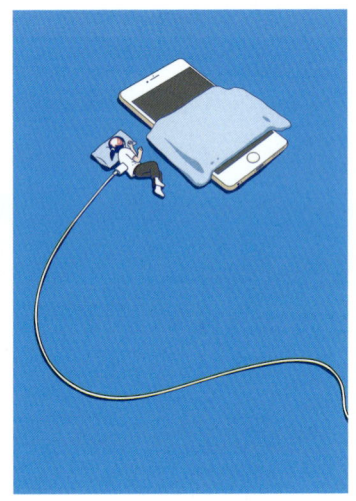

手机

齐马蓝

午睡狂想2

午睡狂想3

飞机

假期

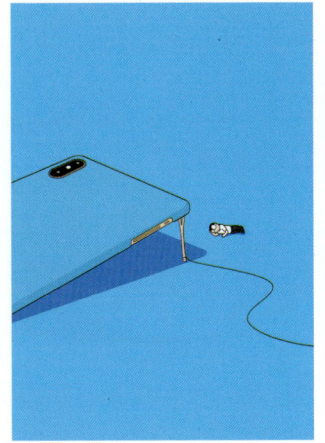

诱捕

风车

stop

音乐

草莓

泡面等待中

喷壶

书签落叶

冰棍

融化

啤酒小店

杯子

橙子

柠檬水站

举铁

保鲜

App

冰淇淋

圆环酒屋

瑞士糖

雨

雪糕杯

黑夜浸泡

西瓜汁

猫猫啤酒

垂钓杯

喝茶2

大茶杯

星樽

冰柠乐

草莓汽水

咖啡吊床

手机播放器

试吃

万物皆可盘

水果与昆虫

蜥蜴

乌鸦4

寄居蟹

黄鼠狼

旅者的单人秀

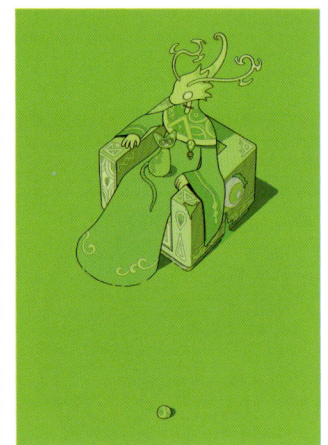

目的地　　　　　　　坐

护佑　　　　　木沙发　　　　　无意之

碎片　　　　　虎守　　　　　商队2

时间

云

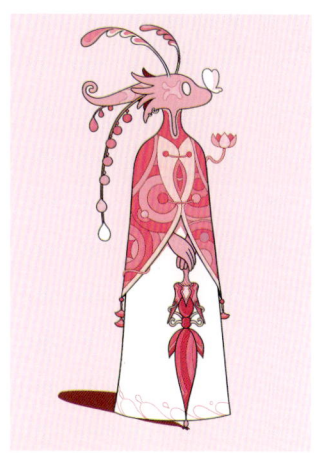

停顿

远方的对手

月兽灯

蜥蜴人

闲坐

虎尾巴

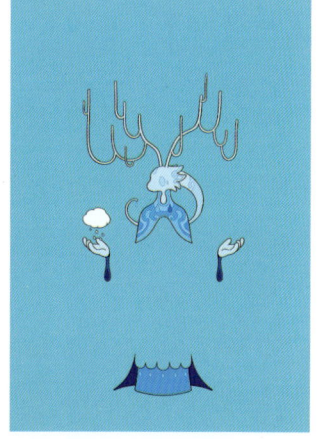

手中团云

王子的故事

观海

书房

马2

苹果

草原2

多巴胺一下

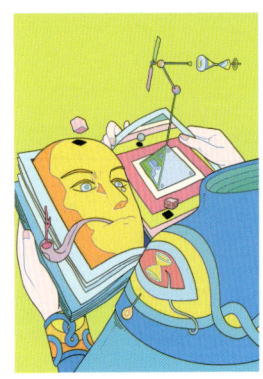

读者

画

碎果机

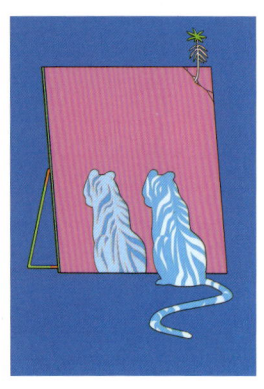

无法面对的虎